上海市团体标准

低渗透污染场地压裂增渗协同修复技术标准

Standard for collaborative fracturing-enhanced permeability with injection and extraction remediation technology in low-permeability contaminated sites

T/SHDZ 002—2024

主编单位：同济大学
批准部门：上海市地质学会
施行日期：2024 年 11 月 15 日

同济大学出版社

2025　上海

图书在版编目(CIP)数据

低渗透污染场地压裂增渗协同修复技术标准 / 同济大学主编. --上海：同济大学出版社，2025.3.
ISBN 978-7-5765-1543-5
Ⅰ．X53-65
中国国家版本馆CIP数据核字第2025XD0681号

低渗透污染场地压裂增渗协同修复技术标准
同济大学　主编

责任编辑	朱　勇
责任校对	徐春莲
封面设计	陈益平

出版发行　同济大学出版社　www.tongjipress.com.cn
　　　　　（地址：上海市四平路1239号　邮编：200092　电话：021-65985622）

经　销	全国各地新华书店
印　刷	苏州市古得堡数码印刷有限公司
开　本	889mm×1194mm　1/32
印　张	2.5
字　数	63 000
版　次	2025年3月第1版
印　次	2025年3月第1次印刷
书　号	ISBN 978-7-5765-1543-5
定　价	40.00元

本书若有印装质量问题，请向本社发行部调换　　　版权所有　侵权必究

上海市地质学会文件

沪地会标〔2024〕1号

上海市地质学会
关于发布《低渗透污染场地压裂增渗协同修复技术标准》的公告

  根据上海市地质学会《关于〈低渗透污染场地压裂增渗协同修复技术标准〉立项通知》（沪地会研〔2024〕3号）的要求，由同济大学、上海市地矿工程勘察（集团）有限公司、宝武集团环境资源科技有限公司、上海大学、上海金泰工程机械有限公司、上海勘察设计研究院（集团）股份有限公司、上海亚新城市建设有限公司等单位编制的《低渗透污染场地压裂增渗协同修复技术标准》，经学会组织审查，现批准发布，标准编号为 T/SHDZ 002—2024，自 2024 年 11 月 15 日起实施。

上海市地质学会
2024 年 10 月 31 日

前　言

本标准是根据上海市地质学会《关于〈低渗透污染场地压裂增渗协同修复技术标准〉立项通知》（沪地会研〔2024〕3号）的要求，由同济大学、上海市地矿工程勘察（集团）有限公司、中国石油大学（北京）、宝武集团环境资源科技有限公司等单位编制完成的。

编制组在总结、吸收国内外低渗透污染场地修复技术方案设计、施工相关成果的基础上，参考国家现行标准，围绕低渗透污染场地修复实践过程中遇到的主要技术问题，开展了科学研究与试验验证，在广泛征求有关单位和专家意见的基础上，编制了本标准。本标准填补了我国低渗透污染场地修复领域技术标准的空白，对规范低渗透污染场地修复作业具有重要意义。

本标准分为9章和2个附录，主要内容有总则、术语、污染物与污染场地条件、总体要求、工艺设计、工艺设备和辅助材料、施工与运维、检测与评估、安全与应急管理。

各有关单位和人员在执行本标准时如有意见和建议，请反馈至同济大学（地址：上海市四平路1239号；邮编：200092；E-mail：chenhongxin@tongji.edu.cn），以供今后修订时参考。

主 编 单 位：同济大学
参 编 单 位：上海市地矿工程勘察（集团）有限公司
　　　　　　中国石油大学（北京）
　　　　　　宝武集团环境资源科技有限公司
　　　　　　上海大学
　　　　　　上海金泰工程机械有限公司
　　　　　　合肥工业大学

南京大学
生态环境部环境规划院
东南大学
上海勘察设计研究院(集团)股份有限公司
上海亚新城市建设有限公司

主要起草人：冯世进　陈宏信　郑奇腾　黄翔峰　侯　冰
　　　　　　　章长松　唐朝生　查甫生　张红振　张晓磊
　　　　　　　张丰收　刘　佳　陈　贺　丁　露　邢绍文
　　　　　　　高梦雯　李道华　谢　添　阮秀秀　章定文
　　　　　　　程　青　许　龙　梅丹兵　康　博　吴育林
　　　　　　　屠越栋　臧学轲　顾　军　徐　泉　侯　娟
　　　　　　　沈　前　王浩越　牛九格　陈旭宏　石福江
　　　　　　　李　津　丁祥鸿　朱张文　张院秀　牛明璇
　　　　　　　刘珺珺　崔　航　林文丽

主要审查人：陈雪初　仵彦卿　张　峰　陈有亮　刘金宝

上海市地质学会
2024 年 10 月

目 次

1 总 则 …………………………………………………………… 1
2 术 语 …………………………………………………………… 2
3 污染物与污染场地条件 ………………………………………… 4
　3.1 一般规定 …………………………………………………… 4
　3.2 压裂增渗技术适用条件 …………………………………… 4
　3.3 压裂增渗强化抽提协同修复技术适用条件 …………… 5
　3.4 压裂增渗强化氧化协同修复技术适用条件 …………… 6
　3.5 潜在二次污染 ……………………………………………… 7
4 总体要求 ………………………………………………………… 8
　4.1 一般规定 …………………………………………………… 8
　4.2 工程构成 …………………………………………………… 8
5 工艺设计 ………………………………………………………… 11
　5.1 一般规定 …………………………………………………… 11
　5.2 工艺设计要求 ……………………………………………… 11
6 工艺设备和辅助材料 …………………………………………… 18
　6.1 一般规定 …………………………………………………… 18
　6.2 工艺设备 …………………………………………………… 18
　6.3 辅助材料 …………………………………………………… 19
7 施工与运维 ……………………………………………………… 21
　7.1 一般规定 …………………………………………………… 21
　7.2 施工与调试 ………………………………………………… 21
　7.3 运行与维护 ………………………………………………… 22

8 检测与评估	24
8.1 一般规定	24
8.2 目标污染物检测	24
8.3 修复效果评估	25
9 安全与应急管理	26
9.1 一般规定	26
9.2 安　全	26
9.3 应急管理	27
附录 A 压裂增渗协同修复工艺参数确定	29
附录 B 低渗透污染场地压裂增渗协同修复工程案例	35
本标准用词说明	39
引用标准名录	40
条文说明	43

Contents

1 General provisions ································· 1
2 Terms ·· 2
3 Contaminants and site conditions ················ 4
   3.1 Basic requirements ································ 4
   3.2 Applicable conditions for fracturing technology
      ·· 4
   3.3 Applicable conditions for collaborative fracturing
      and extraction technology ······················ 5
   3.4 Applicable conditions for collaborative fracturing
      and injection technology ························ 6
   3.5 Potential secondary contamination ·············· 7
4 General requirements ································· 8
   4.1 Basic requirements ································ 8
   4.2 Constitution of the project ······················ 8
5 Design of technology ································· 11
   5.1 Basic requirements ································ 11
   5.2 Design requirements for technology ············ 11
6 Instruments and support materials ················ 18
   6.1 Basic requirements ································ 18
   6.2 Instruments ·· 18
   6.3 Support materials ································ 19
7 Construction, operations and maintenance ········ 21
   7.1 Basic requirements ································ 21

7.2	Construction and calibration	21
7.3	Operation and maintenance	22
8	Detection and assessment	24
8.1	Basic requirements	24
8.2	Detection of target pollutants	24
8.3	Remediation effectiveness assessment	25
9	Safety and emergency management	26
9.1	Basic requirements	26
9.2	Safety	26
9.3	Emergency management	27

Appendix A Determinations of design parameters for collaborative fracturing-enhanced permeability with injection and extraction remediation technology ········ 29

Appendix B Case study of collaborative fracturing-enhanced permeability with injection and extraction remediation technology in low-permeability contaminated sites ········ 35

Explanation of wording in this standard ········ 39

List of quoted standards ········ 40

Explanation of provisions ········ 43

1 总　则

1.0.1 本标准的制定与实施将显著提升我国低渗透污染场地的修复能效，大大促进工业污染场地土地再利用效率，有效缓解因土地资源紧张造成的社会问题，经济、社会、环境效益巨大。

1.0.2 本标准规定了低渗透污染场地压裂增渗协同修复技术的适用条件、总体要求、工艺设计、工艺设备和辅助材料、施工与运维、检测与评估、安全与应急管理等。

1.0.3 本标准适用于可压裂增渗的低渗透污染场地，规定了压裂增渗协同修复方案设计、施工方法及工程验收的相关要求，可作为工程设计、施工、运行及维护的技术依据。

1.0.4 低渗透污染场地压裂增渗协同修复工程的方案设计、施工以及验收除应符合本标准外，尚应符合国家现行有关标准的规定。

2 术 语

2.0.1 污染土壤 contaminated soil
土壤中污染物超过一定阈值,即对人体健康或生态环境的不利影响超过可接受风险水平。

2.0.2 低渗透场地 low permeability site
由渗透系数小于 10^{-4} cm/s 土层构成的场地。

2.0.3 黏土 clay
塑性指数大于 10 且粒径大于 0.075 mm 的颗粒质量不超过总质量 50% 的土。

2.0.4 粉土 silt
塑性指数小于或等于 10 且粒径大于 0.075 mm 的颗粒质量不超过总质量 50% 的土。

2.0.5 非水相液体 non-aqueous phase liquid, NAPL
难以与水相混溶的液态物质,通常是几种不同化学物质(溶剂)的混合物,又称非水相液体。比重大于 1.0 的非水相液体称为非水相重液,比重小于 1.0 的非水相液体称为非水相轻液。

2.0.6 挥发性有机化合物 volatile organic compounds, VOCs
标准大气压(1 atm)环境中,沸点低于或等于 250 ℃ 且能够从液态或固态轻易蒸发或显著挥发到空气中的有机化合物。

2.0.7 半挥发性有机化合物 semi-volatile organic compounds, SVOCs
标准大气压(1 atm)环境中,沸点在 250 ℃～370 ℃ 之间,挥发速率小于挥发性的有机物。

2.0.8 压裂 fracturing
将高压流体注入地下低渗透土层中使之形成裂缝的技术。

2.0.9 压裂支撑剂 fracture proppant

用于支撑人造裂缝的、具有一定强度的固体颗粒物质，如天然石英砂和烧结陶粒。

2.0.10 砂液比 ratio of sand to liquid

压裂施工过程中加砂量的体积与所用携砂液的体积比。

2.0.11 压裂增渗 fracturing-enhanced permeability

将携支撑剂的液体注入地下低渗透土层中，形成低渗透土层裂缝网络，进而增加其渗透率。

2.0.12 表面活性剂 surfactant

能使两种液体间、液体-气体间或液体-固体间的表面张力或界面张力降低的物质。

2.0.13 增溶 solubility-enhanced

通过向土层注入表面活性剂材料形成包裹污染物的胶束，从而使污染物在土层中快速溶解脱附。

2.0.14 氧化修复 oxidation remediation

通过向土层注入化学氧化剂使其与污染物发生氧化反应，将污染物降解或转化为低毒、无毒产物的修复技术。

2.0.15 多相抽提 multiphase extraction

通过负压抽取地下污染区域的气相和液相到地面，再进行相分离及处理的修复技术。

2.0.16 影响半径 radius of influence，ROI

在抽提井或注入井中抽提或注入药剂影响到的周边区域在平面上的投影半径。

2.0.17 天然氧化剂需求量 natural oxygen demand，NOD

土壤或含水层介质中天然有机质和还原性矿物质所消耗的氧化剂量。

2.0.18 协同修复 collaborative remediation

压裂增渗和强化抽提或强化氧化修复方法相协同的修复技术手段。

3 污染物与污染场地条件

3.1 一般规定

3.1.1 本标准中的压裂增渗协同修复技术分为压裂增渗强化抽提协同修复技术和压裂增渗强化氧化协同修复技术。

3.1.2 压裂增渗技术是指将携支撑剂的液体注入地下低渗透土层中,形成低渗透土层裂缝网络,进而增加其渗透率的技术。该技术旨在提升低渗透污染场地的渗透系数,进而强化传统技术的修复效率。

3.1.3 压裂增渗强化抽提协同修复技术可用于处理含气态有机物、溶解态有机物、吸附态有机物、NAPL污染物或无机污染物的场地。

3.1.4 压裂增渗强化氧化协同修复技术可用于处理含有机污染物、重金属和其他无机物的污染场地。

3.1.5 目标污染物的降解性可通过降解试验等方式测定。

3.1.6 目标污染物的污染负荷可通过现场取样等方式分析确定。

3.1.7 压裂增渗效果可通过原位取样检验,或通过原位抽/注水试验测定。

3.2 压裂增渗技术适用条件

3.2.1 当原位注入技术影响范围小于1.0m时,可采用压裂增渗技术强化注入效率,增加修复的影响范围。

3.2.2 当单个抽提井的影响范围小于2.0m、气体抽提流量小于

3.0 m³/h 或液体抽提流量小于 0.6 m³/h 时,可采用压裂增渗技术强化抽提修复效果。

3.2.3 压裂增渗技术适用于地表下 3.0 m～30.0 m 的渗透系数小于 10^{-4} cm/s 的污染土层,同时宜选取压缩模量大于或等于 1.0 MPa 的低渗透污染土层进行压裂。

3.2.4 压裂增渗技术涉及的支撑剂类型、压裂井构造、土层破裂压力等参数可参考 T/CSER 006 等相关标准。

3.2.5 压裂增渗技术宜采取方格形、三角形等群井修复方式,以提高单位面积内修复效果的均匀性,在低渗透污染场地中压裂增渗协同修复技术的影响范围应比传统抽(注)修复工艺提升 95% 以上。

3.2.6 压裂增渗技术作业适用于各类低渗透污染场地,但是针对不同的污染情况需要预防由压裂作业引发的有害气体逸散等不同类型二次污染,应在压裂增渗过程中密切监测地表、大气和相邻监测井中的污染物扩散情况,并提前制定合理应急管理方案。

3.3 压裂增渗强化抽提协同修复技术适用条件

3.3.1 压裂增渗强化抽提协同修复技术是在原位压裂增渗的基础上,采用多相抽提技术抽取地下污染区域的土壤气体和液体到地面进行后续处理,从而控制场地中污染物浓度的协同修复技术。

3.3.2 本技术的适用条件宜参照表 3.3.2。

表 3.3.2 压裂增渗强化抽提协同修复技术的推荐适用范围

序号	场地条件	适用范围
1	渗透系数	$<10^{-4}$ cm/s
2	渗透率	$<10^{-13}$ m²

续表3.3.2

序号	场地条件	适用范围
3	非饱和带土壤渗气系数	10^{-3} cm/s
4	污染物	气态有机物、溶解态有机物、吸附态有机物、NAPL污染物或无机污染物
5	地下水位	>1.0 m
6	土壤含水率	40.0%~60.0%

3.4 压裂增渗强化氧化协同修复技术适用条件

3.4.1 压裂增渗强化氧化协同修复技术是在原位压裂增渗的基础上，向污染场地注入化学氧化剂，使土壤或地下水中的污染物降解或转化为低毒、无毒产物，从而控制场地中污染物浓度的协同修复技术。化学氧化剂的筛选和使用可参考 T/GIA 002 等相关标准。

3.4.2 过氧化氢适用条件：
 1 处理大多数石油类污染物和几乎所有的芳香烃化合物。
 2 地下废水或石油烃污染场地。

3.4.3 高锰酸盐适用条件：
 1 处理四氯乙烯、三氯乙烯、三氯乙烷、多环芳烃、苯酚、烈性炸药等污染物。
 2 地下废水或重度工业污染场地。

3.4.4 过硫酸盐适用条件：
 1 处理总石油烃、菲、芘、多氯联苯、重金属、敌草隆、抗生素等难降解物质。
 2 石油泄漏或重金属污染场地。

3.4.5 臭氧适用条件：
 1 处理石油类、农药、含氯溶剂等有机污染物。

 2 存在难降解、有毒害、生物利用性差的有机物（如多环芳烃等）污染场地。

3.5 潜在二次污染

3.5.1 固体废物：
 1 主要来源于氧化剂包装废物、污染物及其固体降解产物。
 2 污染物具体形式可能为残渣或沉淀等。

3.5.2 废气：
 1 主要来源于土壤或地下水预处理和修复过程中产生的废气。
 2 污染物的具体形式一般包括土壤或地下水中挥发性有机物、半挥发性有机物及其降解产物等。

3.5.3 废水：
 1 主要来源于压裂工序产生的回流废水和氧化修复过程产生的废液。
 2 污染物一般包括土壤或地下水中目标污染物及其降解产物、未反应的氧化剂残留及其分解产物、压裂液组成中的添加剂、溶解矿物质和悬浮物。

3.5.4 中间产物：
 1 主要来源于污染修复过程中的不完全降解或转化反应。
 2 不同的目标污染物在修复过程中会因修复技术的差异产生不同的中间产物，中间产物的监测和处理应符合 HJ 164、HJ 610、HJ 25.2 等标准的规定。

4 总体要求

4.1 一般规定

4.1.1 修复工程应因地制宜、科学合理，遵循技术可靠、经济适用和环境安全的原则。

4.1.2 低渗透污染场地压裂增渗协同修复工程应以实际的压裂增渗技术的修复效果为基础，其压裂增渗后的影响范围、地层渗透系数应满足设计需求。在此基础上联合强化抽提技术或强化氧化技术进行后续修复，整个修复工程建设及运行全过程应符合工艺设计与实施方案的要求。

4.1.3 修复后土壤或地下水中目标污染物含量应符合修复目标值要求。

4.1.4 修复工程应配套防渗漏、防流失、防扬散以及废水废气收集、处理等二次污染防治设施及措施，避免产生二次污染。二次污染防治设施与主体工程应同步设计、同步施工、同步运行。

4.1.5 修复工程应配备相应的监测设备，对污染物排放和周边环境质量状况进行定期监测。

4.2 工程构成

4.2.1 低渗透污染场地压裂增渗协同修复主体工程包括压裂增渗系统、强化抽提修复系统和强化氧化修复系统。

4.2.2 压裂增渗系统包括地面传输系统、支撑剂配制系统、控制系统、监测系统、井管配件等，其中：

1 地面传输系统包括注入管线、增压泵、坐封管线、压裂柱塞泵、钻机等。

　　2 支撑剂配制系统包括配料罐、搅拌叶片等。

　　3 控制系统优先采用数控系统，包括显示屏、无线传输系统、伺服驱动系统等。

　　4 监测系统包括流量计、压力计等。

　　5 井管配件包括钻杆、封隔器、钻头等。

4.2.3 强化抽提修复系统包括抽提系统、注入系统、相分离系统、污染物后处理系统等，其中：

　　1 根据抽提动力提供方式的差异，抽提系统可以分为单泵抽提系统和双泵抽提系统，单泵系统仅由真空泵提供抽提动力，双泵系统应由真空泵和水泵提供抽提动力。

　　2 注入系统包括表面活性剂储罐、搅拌装置、输送注入装置等。

　　3 相分离系统是根据抽出污染物的性质差异，实现抽出污染物的气-液分离和NAPL-水分离的装置。

　　4 污染物后处理系统包括废气处理设备和废水处理设备，用于分离后的气相和液相污染物处理，分离出的NAPL通常收集后作为危险废物处理。

4.2.4 强化氧化修复系统包括药剂制备/储存系统、药剂注入系统（泵入或直推）、监测系统、井管配件等，其中：

　　1 药剂制备/储存系统包括药剂储罐、搅拌设备、混合和过滤设备、管道和输送系统、安全设备等。

　　2 药剂注入系统包括药剂注入泵、流量计、压力表等。

　　3 监测系统包括监测井、数据记录仪、环境指标测试仪、数据管理和分析软件等。

　　4 井管配件包括注入井管、注入井套管等。

4.2.5 二次污染防治设施主要包括固体废物暂存场所、废气处理系统、废水处理系统等。

4.2.6 辅助工程主要包括电气系统、自控系统、给排水系统、暖通系统、消防系统及通信系统等,应符合 GB 50016、GB 50019、GB 50140 等相关标准的规定。

5 工艺设计

5.1 一般规定

5.1.1 修复工艺设计应遵循成熟可靠、经济适用、安全节能及操作简便的原则。

5.1.2 修复工艺设计参数及实施方案应根据污染特征、修复工程量、现场实施条件、修复目标值、修复周期、能源供应条件、工程地质与水文地质条件等因素确定。

5.1.3 压裂增渗协同修复技术的相关施工参数应结合相关规范标准、文献资料、小试和中试试验结果综合考虑确定。

5.1.4 所有技术设备在出厂之前应考虑防腐蚀、防泄漏及危险化学品使用工况,应在工厂内完成相应工况的调试,确保安全使用。

5.1.5 注入井和抽提井的分布、数量和深度应根据污染区大小、污染分布情况和污染程度进行设计,并通过中试试验进行更新和优化。

5.1.6 在注入井和抽提井的周边及污染区的外围还应设计监测井,以便在修复过程中或修复完成后评估修复效果。

5.2 工艺设计要求

5.2.1 压裂增渗协同修复技术的工艺流程见图 5.2.1。

5.2.2 压裂增渗技术的设计与施工工艺应符合下列规定:

    1 压裂井的直径应结合注射杆的制造工艺设计、工程地质与水文地质条件和中试试验结果确定,可参考 T/CSER 006 等相关标准。

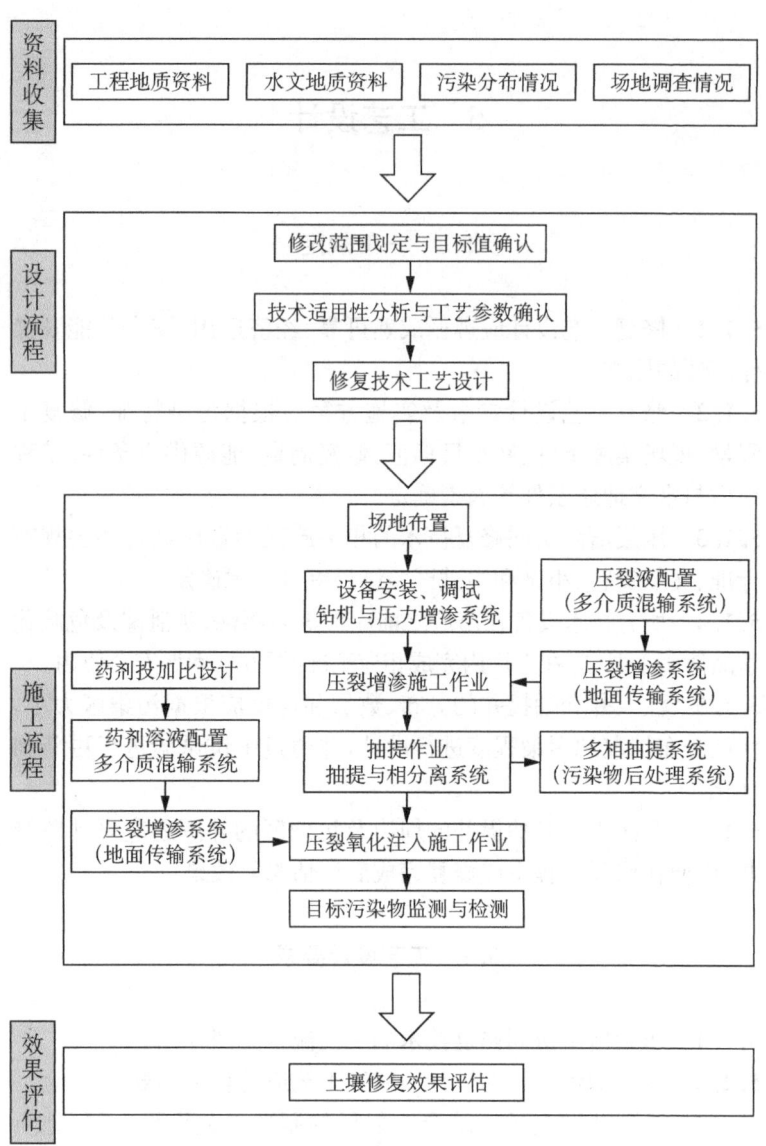

图 5.2.1 压裂增渗协同修复技术工艺流程

2 压裂井的数量应根据污染范围和单井影响半径确定,且需要综合考虑后续的抽提井或氧化注入井的修复需求进行布置。

3 压裂单井的影响半径应根据中试结果确定,黏土层的单井设计影响半径宜控制在 1.0 m~5.0 m 之间,粉土层的单井设计影响半径不宜小于 1.5 m。

4 单井内的压裂增渗竖向注射间距应与井中设备的注射段长度相匹配,并结合中试试验结果确认,不宜小于 0.5 m。

5 支撑剂粒径应根据泵的密封性能确定,硬质颗粒类型可为人造高强度陶粒或石英砂。根据中试试验结果,可将人造高强度陶粒与相同粒径的石英砂按不同比例混合,以节约成本。

6 压裂液的砂液比应结合中试试验结果确认,或依照 T/CSER 006 等相关标准执行。

7 单次压裂注射参数应与地面传输系统的泵送压力和流量上限相匹配,并结合设计的单井影响半径和中试试验结果确认,建议单次注射流速宜控制在 5 L/min~80 L/min 之间,单次注射流量宜控制在 150 L~600 L 之间。

5.2.3 压裂增渗强化抽提协同修复技术的设计与施工工艺应符合下列规定:

1 抽提井的设计应符合 GB 50296 的规定,其中井直径应根据工艺设计、工程地质与水文地质条件和中试试验确定,抽提泵可选择液环式、旋转叶片泵或旋转活塞泵等,应满足井头真空度、系统真空度及抽提速率的要求,真空度宜控制在 20.0 kPa~80.0 kPa 之间,单井气体抽提速率宜控制在 0.3 m^3/h~25.0 m^3/h 之间,单井液体抽提速率宜控制在 0.02 m^3/h~0.50 m^3/h 之间。

2 在设计单泵抽提井时,井管直径不应小于 80 mm;在设计双泵抽提井时,井管直径不应小于 200 mm。

3 抽提井的数量应根据污染范围和单井影响半径确定,单井影响半径应在压裂增渗的基础上结合中试结果确定,黏土等低渗透场地的单井影响半径不宜小于 2.0 m,其他类似的原位抽提修复方法亦可参照执行。

4 抽提井管底的放置深度应由水位降深和污染物类型确定,地块含非水相重液污染时,井深度应达到隔水层顶部。

5 抽提井管可采用聚氯乙烯(PVC)材质;当抽提 NAPL 时,宜采用不锈钢材质井管。

6 抽提井滤管段应覆盖污染深度,可采用切缝式,切缝应根据地层特性和滤料粒径等级确定,过滤材料宜采用分级石英砂,滤管切缝宽度宜为 0.2 mm,滤料粒径宜控制在 0.3 mm～0.6 mm 之间,过滤材料使用前应冲洗以确保不与污染物接触,防止外部杂质混入。抽提井滤管段外部宜设置双层滤网。

7 抽提井支管可采用直径 50 mm PVC 管,抽提井主管可采用直径 150 mm PVC 管;支管与主管连接处应设置长度不少于 300 mm 的透明 PVC 管,方便查看井管内液体流动情况。

8 单个抽提井顶端和地面真空泵体进口端宜安装透明的 PVC 管或透明视窗。

9 宜使用闸阀或蝶阀等阀门调节流量和真空度,也可使用其他满足耐久性设计要求、防腐蚀性能要求和精度控制要求的阀门。

10 抽提井管从下往上依次是沉沙段、开筛段以及顶部密封段。顶部密封段可采用膨润土,厚度不低于 500 mm,并以水泥砂浆固结,设计可参考图 5.2.3 所示。

5.2.4 用于强化抽提修复的表面活性剂类型选择应符合下列规定:

1 应综合考虑土壤组成和特性、污染物类型和性质以及表面活性剂类型、生物降解性、环境安全性、经济成本和实用性。

2 针对黏土,当污染物为石油烃、多环芳烃等非极性有机污染物时,可选择非离子型表面活性剂。

3 针对混合土壤(黏土夹粉砂),当污染物为重金属、有机化合物混合污染时,可选择阴离子和非离子组合型表面活性剂。

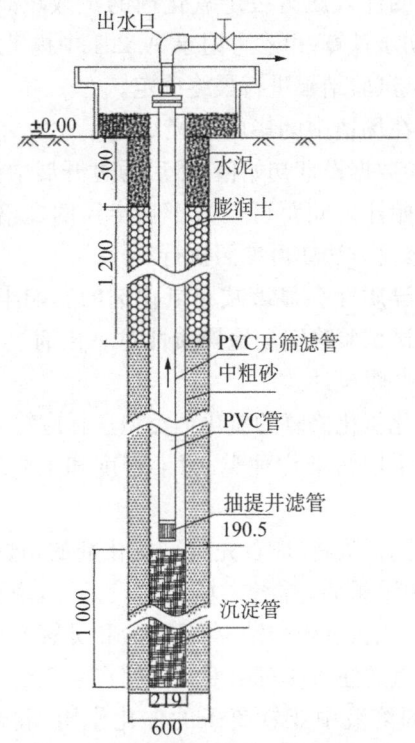

图 5.2.3 抽提井布置剖面示意图(mm)

4 针对有机质土,当污染物为农药、重金属、多环芳烃时,可选择特定的非离子型表面活性剂。

5 针对碱性土壤,当污染物为铅、镉等重金属与有机物混合污染时,可选择某些特定的阴离子型表面活性剂。

5.2.5 压裂增渗强化氧化协同修复技术的设计与施工工艺应符合下列规定:

1 氧化剂传输方式的选择应根据钻井、成井和注入方式等因素确定,注入井(孔)或者注入设备应根据现场条件和目的来设计。

2 氧化剂的注入压力决定氧化剂的扩散距离,注入压力可通过公式进行初步计算(可参考附录 A.2.1 中提供的公式),扩散距离应根据中试试验结果进行最终确定。

3 氧化剂在场地中的影响半径决定了注入井(孔)的间距,可首先根据经验数据设计初始值,然后通过开展中试试验最终确定注入间距,初始注入间距可设为影响半径的 2 倍左右,其他类似的原位注入修复方法亦可参照执行。

4 土壤的异质性会显著减小氧化剂的影响半径,在实际工程中,应通过中试试验确定场地异质性对氧化剂注入效率的折减幅度,进而辅助井距设计。

5.2.6 用于强化氧化修复的氧化剂类型选择应符合下列规定:

1 应根据土壤污染物种类、污染程度和土壤理化性质等指标确定。

2 针对不同污染物,应首先进行氧化剂的初选,然后通过针对性的小试和中试试验,并考虑场地建设条件,确定最终的氧化剂类型(如过氧化氢、过硫酸钠、高锰酸盐和臭氧等)。

3 过氧化氢的注入质量浓度宜控制在 3.0%～35.0%之间;为了维持氧化剂溶液中亚铁离子的催化作用,酸碱度宜控制在 3.5～5.0 之间;可使用多种酸(如盐酸、硫酸、柠檬酸或磷酸)调节酸碱度,但应确保其与土壤环境和污染物兼容,避免不良反应。

4 最低质量浓度(3.0%)的过氧化氢宜用于反应开始阶段,最高质量浓度(35.0%)的过氧化氢宜用于存在 NAPL 的修复工程中。

5 高锰酸盐的质量浓度宜控制在 1.0%～40.0%之间,具体药剂的选用应综合考虑项目实际情况。

6 过硫酸钠的使用必须配合相应的活化剂以达到活化的目的。常用的活化方式有加热、加碱和添加 Fe(Ⅲ)-EDTA 等。

7 添加碳酸钠至过硫酸钠溶液中可以有效缓冲酸碱度,碳酸钠的剂量宜控制在过硫酸钠摩尔量的 10.0%～50.0%之间。

8 当采用氧气制臭氧时,臭氧浓度宜控制在5.0%～10.0%之间;当采用空气制臭氧时,臭氧浓度宜为1.0%。臭氧发生器的需求量取决于总氧化剂需要量、土壤可接受的气流速度和修复所需时间。

9 小试试验应针对初步筛选技术体系的关键环节和关键参数,确定不同的技术或组合下的最佳工艺参数和可能产生的二次污染,估算成本和周期等,试验过程应严格控制质量。

10 中试试验应根据修复技术特点,结合工程地质与水文地质条件、污染物类型和空间分布特征等,选择适宜的单元验证工程参数,确定可能产生的二次污染物。

5.2.7 压裂增渗协同修复过程中应对地表位移、沉降、隆起、倾斜、裂缝等现象进行记录与管控。

5.2.8 压裂增渗协同修复过程前应设置地下水监测井,应符合HJ 164、HJ 610等标准的规定。

5.2.9 二次污染防控措施应符合下列规定:

1 修复过程中产生的废气,应根据目标污染物种类及浓度,选择活性炭吸附等技术达标处置;当设置多套抽气系统时,各系统抽出废气可收集后合并处置。

2 应对施工过程产生的废水进行收集和处理,处理后的废水根据其最终流向或用途应符合GB 8978、GB/T 31962或其他相关标准的规定。

3 施工和运行过程中所产生的固体废物的处理应符合国家、地方和相关行业规定;经鉴别属于危险废物的,应按危险废物处理和处置。

4 污染土壤暂存、养护区应采取防渗、防冲刷措施并进行覆盖。

5 应对二次污染防控措施的有效性和环境质量实施监测。

6 工艺设备和辅助材料

6.1 一般规定

6.1.1 压裂协同修复选用的钻杆、井管、封隔器、阀门、仪表等构件应符合国家及行业相关标准的规定,并具有产品合格证。

6.1.2 泵组等动力装置的安装应保持平衡,运转中不得产生明显的振动。高压泵进、出口应分别设有低压保护和高压保护的设施,在其出水管路上宜设置慢开阀门。

6.1.3 电气控制的安装应便于操作,控制应灵敏可靠,遇故障应立即制动,具有自动保护功能。

6.1.4 修复装置应选用抗腐蚀材料制造或按 HG/T 20229 执行防腐蚀处理和验收。

6.2 工艺设备

6.2.1 压裂系统主要包括高压注入设备(柱塞泵、增压泵、耐压管路和各类电控阀门)、数据采集设备(流量计、压力表)、井中设备(水力膨胀跨接式封隔器、坐封管线)、注入井管等。

6.2.2 高压注入设备应满足注入最大压力大于 5.0 MPa,最大输出液体流量大于 80 L/min 的要求,并且应容许通过 40 目支撑剂的压裂液;井中设备应满足水力膨胀跨接式封隔器和坐封管线的耐压指标大于 5.0 MPa 的要求。

6.2.3 多介质混输系统主要由溶液箱、搅拌器、螺旋输送机、计量泵、液位计、电控柜、管路、阀门、安全阀、背压阀、止回阀、脉动阻尼器、压力表、Y 型过滤器等组成。

6.2.4 多介质混输系统的药剂输送速率宜大于 3 m^3/h,药剂搅拌速度宜大于 50 r/min。

6.2.5 抽提系统主要包括水环真空泵、气/水/NAPL 分离器和真空负压控制器等。

6.2.6 抽提系统应满足单井液体抽提速率大于 0.06 m^3/h、单井气体抽提速率大于 3 m^3/h,真空泵最大真空度可以达到并维持在 80 kPa 的要求。

6.2.7 废液分离与净化系统主要包括废水收集装置、NAPL 收集装置、活性炭吸附装置和废气监测装置。

6.2.8 低渗透污染场地压裂增渗协同修复技术的驱动能源可为电、燃气、燃油等多种形式。其中,燃气贮存及供给应符合 GB 50028 的规定,燃油的贮存及供给应符合 GB/T 50759 的规定。鼓励采用清洁燃料作为本修复技术的能源。

6.2.9 用电设备与配电设计总体应符合 GB 50055 的规定。

6.2.10 通风系统、废气处理系统的主要用电负荷为 380/220 V,负荷等级为二级,应有备用电源。供配电系统设计应符合 GB 50052、GB 50054 等的规定。

6.2.11 施工现场临时用电应符合 JGJ 46 的规定。

6.2.12 高压配电装置、继电保护和安全自动装置、过电压保护和接地、照明设计应符合相应国家和地方标准的规定。

6.3 辅助材料

6.3.1 注入井和抽提井通常采用嵌入式螺纹连接的聚氯乙烯(PVC)或不锈钢井管,其直径不应小于 50 mm。

6.3.2 PVC 井管连接宜采用 O 型封圈或 PTFE 胶布缠绕。

6.3.3 对于无法自然成井的工况或者抽提井的沉砂段,应采用具有化学惰性或非反应性的滤料,如清洁硅砂。滤料的有效粒径宜大于 0.25 mm 且均匀系数大于等于 3。

6.3.4 止水层应填充大于 60 cm 厚的球状或扁平状膨润土颗粒,粒径宜控制在 6 mm～12 mm 之间。

6.3.5 回填层可用水泥浆或膨润土浆回填至地表。

6.3.6 所有设备中的金属连接管件应采用 304/316L 不锈钢等耐腐蚀材料。

7 施工与运维

7.1 一般规定

7.1.1 低渗透污染场地压裂增渗协同修复工程的施工应符合国家和行业相应专项工程施工规范、施工程序及管理文件的要求。

7.1.2 设备、材料、器件等应符合国家相关标准的规定,有产品的合格证书、产品性能检测报告。主要材料应有进场复验报告。

7.1.3 施工除遵守相关的施工技术规范以外,还应遵守国家的质量、劳动安全及卫生、环境保护、消防等强制性标准。

7.1.4 施工中采用的工程技术文件、承包合同文件对施工质量验收的要求严禁低于国家相关专项工程规范的规定。

7.2 施工与调试

7.2.1 施工人员应按照设计方案熟悉监测井、压裂井、抽提井和药剂注入井布局,必须按照设计方案进行后续钻井、压裂、抽提、药剂注入等作业。

7.2.2 钻井的施工应符合 JGJ/T 87 和 GB/T 50585 的规定。

7.2.3 在钻井修复过程中,应选择适宜的施工方式以防止地下污染物的迁移和扩散,应按 HJ 25.2 中的规定执行,建立合理的风险管控和修复监测措施。

7.2.4 防腐蚀设备、管材和管件等的施工和验收应符合 GB 50727 的规定。风机和泵安装工程的施工和验收应符合 GB 50296 的规定。

7.2.5 正式运行前应进行调试,调试一般要求:

1 按照设备安装说明和要求确定安装位置,安装的设备应稳定可靠,符合允许的安装偏差。设备使用前应对设备的电控、自动控制和机械等部分进行调试,并做到电机无振动和异响,设备无堵塞、晃动和抖动,控制联锁正常等。

2 工程安装、施工完成后应首先对相关仪器仪表进行校验,然后根据工艺流程进行分项调试和整体调试。

3 整体调试要求:各项系统运转正常,技术指标必须达到设计要求。

7.2.6 调试阶段应对工程进行不少于连续 72 h 的性能试验,性能试验应至少包括以下内容:

1 注入泵的最大输出压强、最大输出流量和运行稳定性。
2 搅拌泵的最大转速、变频可靠性以及运行稳定性。
3 抽提系统的最大真空度和运行稳定性。
4 能源、压裂液、支撑剂和药剂消耗。
5 药剂注入设备的注入压力、流量范围和运行稳定性。
6 污染土最大处理量、最大处理效率以及达标情况。

7.3 运行与维护

7.3.1 应建立严格的交接班制度。交接班制度的内容应包括生产设备、工具及生产辅助材料的交接和运行记录的交接等。

7.3.2 各工种、岗位必须根据工艺特征和具体要求制定相应的安全操作规程及质量管理文件,并对管理和运行人员进行定期培训,确保其熟练掌握正常运行的操作和应急情况的处理措施。

7.3.3 应建立支撑剂、示踪剂、氧化药剂和表面活性剂等耗材的购买、贮存和使用情况台账,内容包括药剂名称、品牌和厂家、购买时间及数量、每日投加数量和剩余库存数量等。

7.3.4 应对污染场地、修复后地块、设备运行状况、设备维护状况等建立严格的登记制度。登记内容应包括修复深度、数量、种类、处理方式、处理时间、药剂用量、检测结果、设备运行参数和自动监测数据等。

7.3.5 工程运行效果未达到设计要求时,必须及时排查问题并采取相应措施,必要时可调整设计方案。

7.3.6 应及时转存控制系统暂存的各生产工艺参数,如压力、流量、液位等。

7.3.7 必须制订有关设备的定期维护计划。

7.3.8 维护人员应根据技术要求与规范对工程设备开展定期检查,维护和更换必要的部件及材料,并做好相关维护保养记录。

8 检测与评估

8.1 一般规定

8.1.1 污染场地修复过程中,应定期进行检测和数据分析,以评估修复的进展,确保修复措施的有效性。

8.1.2 污染场地修复完成后,应收集足够的现场数据,包括土壤、地下水、空气中的污染物浓度,以便进行全面的风险评估;取样点和取样数量应符合相关土壤修复效果评估技术标准。

8.1.3 污染场地在修复前、修复中、修复后应定期进行环境监测,确保污染物不会对环境造成进一步影响。

8.2 目标污染物检测

8.2.1 常见场地类型和特征污染物分类应符合 HJ 25.1 的规定,在选择检测项目时可参照执行。

8.2.2 建设用地土壤污染风险筛选值、管制值和污染物分析方法应符合 GB 36600 的规定,在进行相关污染物检测时可参照执行。

8.2.3 地下水质量标准和污染物分析方法应符合 GB/T 14848 的规定,在进行相关污染物检测时可参照执行。

8.2.4 压裂增渗协同修复工程的施工可能会对土壤、地下水流场或污染羽造成扰动时,应按 HJ 164、HJ 610、HJ 682 等的规定监测污染点位周边地下水水位、污染物浓度、酸碱度、氧化还原电位等参数,掌握地下水流场和污染羽变化等情况。

8.3 修复效果评估

8.3.1 应综合分析运行期内各介质定期监测数据,开展修复效果评估。

8.3.2 在修复效果评估过程中,土壤或地下水采样点数量和布置位置应结合运行期间修复域内污染物浓度变化、各指标含量变化及监测结果确定,应重点设置在相邻抽提井中间或相邻注入井中间等修复薄弱区。

8.3.3 修复效果评估总体应符合 GB 15618、GB 36600 和 HJ 25.5 的规定。

9 安全与应急管理

9.1 一般规定

9.1.1 工程设计、建设、运行过程中,必须高度重视劳动安全和职业卫生,采取相应措施,消除事故隐患,防止事故发生。

9.1.2 工程业主或施工单位必须定期对劳动者进行劳动安全与职业卫生培训。

9.1.3 生产过程劳动安全和职业卫生应符合 GB/T 12801 的规定。

9.1.4 劳动安全和职业安全应按 HJ 25.3 的规定执行。

9.1.5 必须根据国家及地方的相关法律法规制定应急预案,有效应对意外事故。

9.2 安 全

9.2.1 低渗透污染场地压裂增渗协同修复技术的设计、施工与运维应符合 GB 50015 和 GB/T 50444 的规定。

9.2.2 在压裂增渗强化氧化协同修复技术和压裂增渗强化氧化协同修复技术的设计和施工阶段,应考虑不利运行工况下高压液体在系统中的局部积累,并应充分考虑固井系统的负荷余量,设置相应的监测预警及应急装置。

9.2.3 抽提设备和注入设备的仪表应齐全、灵敏可靠。作业前,应确保各种阀件工作性能良好,并定期检修保养。

9.2.4 压力容器的设计和检验应符合 GB/T 150.3 的规定。压力管道、输送泵的设计安装应符合 GB/T 20801.1 和 GB 50236 的规定。

9.2.5 低渗透污染场地压裂增渗协同修复工程应设置安全警示线、设备启动警报、设备异常警报,在各种机械设备裸露的传动部分应设置防护罩或防护栏。

9.2.6 工程设计应减少不必要的输送环节,降低物料转运的落差,并加强设备的密闭性;对不可避免产生粉尘的生产设备,应采取除尘措施。

9.2.7 化学药剂的使用应符合 GB/T 16483 的规定。

9.2.8 工程职业卫生体系应符合 GB 55034 和 GB/T 45001 的规定,工作场所的有害物质浓度应符合 GBZ 2.1 的规定。

9.2.9 产生有害气体、易燃气体、异味和粉尘的场所应采取通风措施并设置报警装置,且应配备现场急救用品、冲洗设备、应急撤离通道和必要的泄险区。

9.2.10 所有相关作业人员必须持证上岗,正确穿戴个人劳动防护用品,并定期体检,建立健康档案。

9.2.11 装置现场必须设安全防护措施和警示标识,并制定火灾、爆炸、自然灾害等意外事件的应急预案。

9.2.12 应注意电气安全,所有电气设备应符合 GB 19517 的规定,且必须由专业人员操作,以确保设备具备漏电和短路保护功能。

9.2.13 设备噪声应符合 JGJ 146 的规定,必须对操作人员进行安全培训。

9.3 应急管理

9.3.1 压裂增渗协同修复工程可能发生的事故包括运行事故、安全事故和环境污染泄漏事故等。必须在工程实施前判断可能发生事故的风险点,制定包含应急处理措施的应急预案;发生事故时必须立即采取相应措施,尽可能降低事故影响。

9.3.2 应急处理措施内容至少应包括重要设备或系统故障应急处理措施、事故停机应急处理措施、突发停水停电应急处理措施、火灾事故应急处理措施、触电事故应急处理措施、人员伤亡应急救援措施、排放超标或污染扩散应急处理措施等。

9.3.3 必须制定相应的应急监测预案以应对生产过程中可能出现的突发环境事件,应急监测预案的制定应符合 HJ 589 的规定。

9.3.4 事故处理时应做好记录、查找问题并及时解决,防止类似情况重复发生。

附录 A 压裂增渗协同修复工艺参数确定

A.1 压裂增渗强化抽提协同修复工艺参数确定方法

A.1.1 可基于中试试验,确定液相和气相抽提井的影响半径,并结合污染场地工程地质与水文地质条件和污染物分布等因素确定压裂增渗强化抽提的影响半径。

A.1.2 参考美国 EPA 和中国生态环境部土壤生态环境司编著的修复技术手册,液相抽提中试试验影响半径计算公式如下:

$$ROI = \left(\frac{2.25Kbt}{S_y}\right)^{\frac{1}{2}} \left(\frac{1}{10^{\Delta h}}\right)^{\frac{2\pi Kb}{2.3Q_w}} \quad (A.1.2)$$

式中:ROI——影响半径(m);

Δh——抽提井内水位降深(m);

K——含水层渗透系数(m/s),压裂地层的渗透系数可由原位抽水试验确定;

S_y——给水度(无量纲);

Q_w——地下水抽提速率(m³/s);

b——地下水厚度(m);

t——水位从静止到达抽提平衡所需时间(s)。

A.1.3 参考美国 EPA 和中国生态环境部土壤生态环境司编著的修复技术手册,气相抽提中试试验影响半径计算公式如下:

$$ROI = R_w \exp\left[\frac{(P_{ROI}^2 - P_w^2)}{(P_r^2 - P_w^2)} \ln\left(\frac{r}{R_w}\right)\right] \quad (A.1.3)$$

式中:r——监测井与抽提井的距离(m);

R_w——抽提井半径(m);

P_r——距离抽提井 r(m)处的监测井压力(Pa)；

P_w——抽提井内压力(Pa)；

P_{ROI}——最佳影响半径处的压力(Pa)。

A.1.4 在中试试验之前可采用如下经验公式初步设计低渗污染场地压裂增渗强化抽提协同修复方案。经研究发现，污染物去除率与压裂裂缝长度、裂缝渗透率等因素呈现指数相关关系。

$$P_R = A[1-\exp(-x/B)] \quad (A.1.4)$$

式中：A——单因素条件下污染物沿裂缝的最大去除率，可由室内试验拟合确定；

B——单因素的影响权重，可由室内试验拟合确定；

x——压裂裂缝长度、裂缝渗透率等因素；

P_R——污染物去除率。

A.1.5 经研究发现，不同污染程度、裂缝渗透率、裂缝厚度、裂缝长度等因素耦合作用下污染物去除率呈现如下变化规律（图 A.1.5）：增大裂缝厚度 d_f 对污染物去除率有促进作用。同时，随着裂缝长度的增加，当裂缝渗透率 k_f 与基质渗透率 k 的比值 $k_f/k \leqslant 100$ 时，污染物去除率逐渐缓慢增加；当 $k_f/k > 100$ 时，污染物去除率呈先增加后波动的趋势。因此，建议 $k_f/k > 100$。

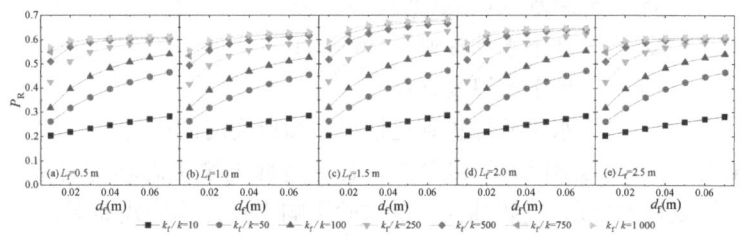

图 A.1.5 不同裂缝特征参数下的污染物去除率

A.1.6 经研究发现，不同抽提半径下，随着压裂裂缝长度的增加，压裂增渗强化抽提协同修复作用下污染物去除率先增加后趋于稳定（图 A.1.7）。因此，裂缝设计长度宜控制在传统原位抽提半径的50%～80%之间。

A.1.7 经研究发现,多裂缝工况下,随着裂缝间距的增加,污染物去除率逐渐提高;当裂缝间距大于1.75 m或增加抽提半径时,多裂缝强化修复效果更加明显(图A.1.7)。因此,裂缝间距建议值大于1.75 m。

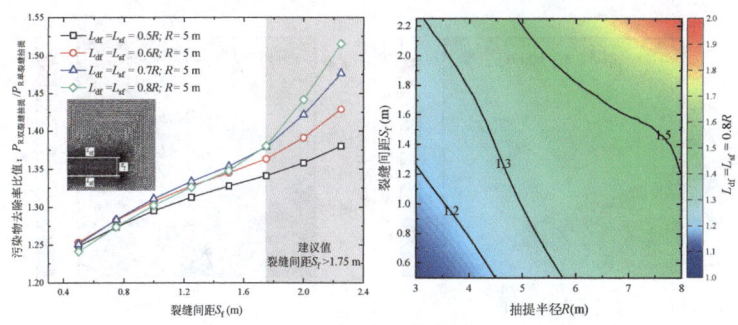

图A.1.7 裂缝间距和污染物去除率的关系

A.1.8 经研究发现,表面活性剂增溶解吸有助于提升压裂增渗强化抽提协同修复效果,并且当表面活性剂浓度为临界胶束浓度时,十二烷基硫酸钠、吐温80和鼠李糖脂的强化效果为:十二烷基硫酸钠>鼠李糖脂>吐温80。

A.2 压裂增渗强化氧化协同修复工艺参数确定方法

A.2.1 压裂低渗透场地的氧化注入井影响范围r_{1a}(1年修复周期)与注入压力P_{inj}和氧化剂浓度/污染物浓度比m呈指数函数关系,公式如下:

$$r_{1a} = -4.849 \cdot \exp(-P_{inj}/4.248) + 5.687$$

(A.2.1-1)

$$r_{1a} = -1.179 \cdot \exp(-m/2.435) + 2.567$$

(A.2.1-2)

A.2.2 当注入压力为 1 MPa、裂缝渗透系数为 10^{-3} cm/s 时,影响半径介于 2.5 m～3 m;当裂缝渗透系数为 5.0×10^{-4} cm/s 时,影响半径介于 2 m～2.5 m。图 A.2.2 给出了不同修复时间 t 和注入压力(P_{inj})、裂缝渗透系数(K_h)、注入药剂与污染物浓度比(m)之间的变化关系,可用于初步估算氧化剂影响半径。

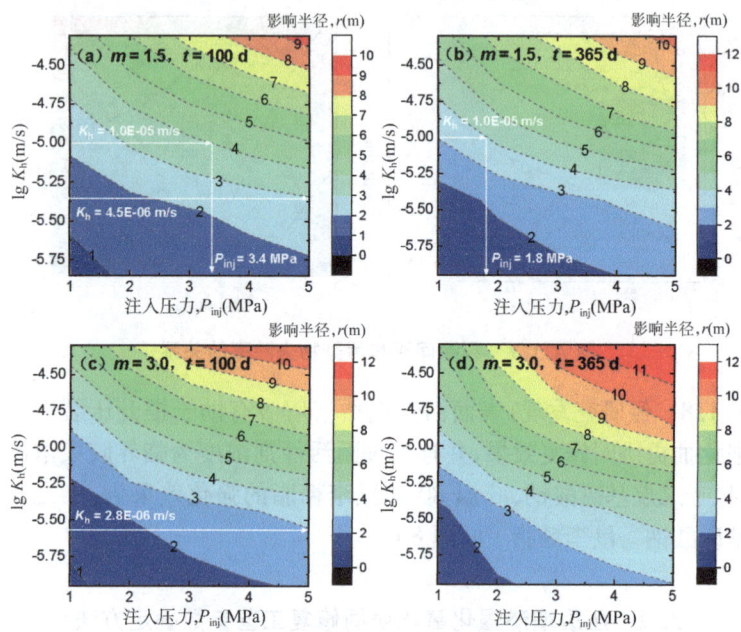

图 A.2.2 修复时间 t 和注入压力(P_{inj})、裂缝渗透系数(K_h)、注入药剂与污染物浓度比(m)之间的变化关系

A.2.3 对于异质性污染场地,在估算氧化药剂的影响范围时应进行适当折减。药剂注入效率折减率 R_R(%)与场地渗透率分布统计特征(方差 σ^2 与有效相关长度 l/s)的关系如下:

$$R_R = E \cdot \ln(\sigma^2) + F \qquad (A.2.3\text{-}1)$$

$$R_R = G \cdot \ln(l/s) + S \qquad (A.2.3\text{-}2)$$

式中：E——模型参数，可通过图 A.2.3-1 查表；
  F——模型参数，可通过图 A.2.3-1 查表；
  G——模型参数，可通过图 A.2.3-1 查表；
  S——模型参数，可通过图 A.2.3-1 查表；
  R_R——药剂注入效率折减率，也可通过图 A.2.3-2 查表。

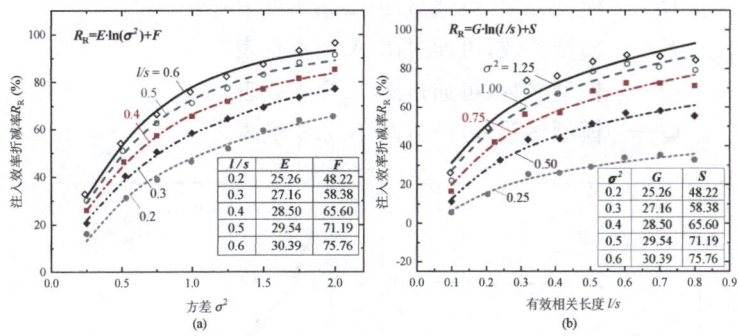

图 A.2.3-1　不同场地特征条件下药剂注入折减率的估算

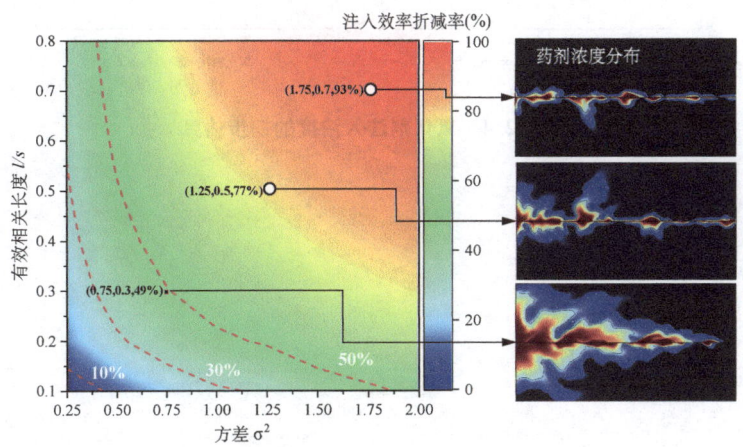

图 A.2.3-2　任意场地特征条件下药剂注入折减率的估算

A.2.4　压裂低渗透场地的氧化剂注入浓度决定了体积修复率

Y_v和氧化剂利用率Y_o,公式如下:

$$Y_v = R \cdot X^S \quad (A.2.4-1)$$

$$Y_o = -O \cdot \ln(X) + Q \quad (A.2.4-2)$$

式中:X——药剂注入浓度(mol/m^3);
$\quad R$——模型参数,可通过图 A.2.4 查表;
$\quad S$——模型参数,可通过图 A.2.4 查表;
$\quad O$——模型参数,可通过图 A.2.4 查表;
$\quad Q$——模型参数,可通过图 A.2.4 查表。

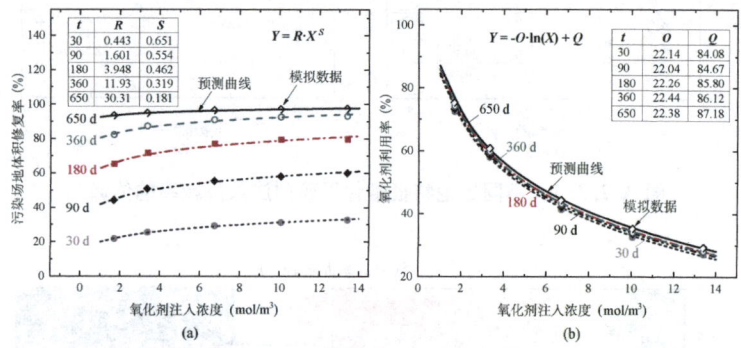

图 A.2.4 氧化剂注入浓度的初步估算

附录 B 低渗透污染场地压裂增渗协同修复工程案例

B.0.1 基本情况

在上海嘉定某污染场地实施了压裂低渗透地层协同修复工程，该场地北部主要用于生产杀虫剂、杀菌剂和除草剂三大系列产品，场地南部主要用于废弃溶剂的处理和再利用（如甲醇液、乙醇液和异丙醇液）。

B.0.2 修复工艺

该工程为低渗透污染场地压裂增渗协同修复工程，首先在目标地层进行压裂增渗施工，将携支撑剂的液体注入地下低渗透土层中，形成低渗透土层裂缝网络，进而增加其渗透率。基于此，在修复的中心区域进行抽提作业，通过相分离系统判断是否存在 NAPL 污染物，存在则继续进行抽提作业；如不存在，则使用压裂增渗强化氧化协同修复技术，在化学氧化剂注入完成后，进行取样检测以判定其修复效果，详细工艺流程见图 B.0.2。

B.0.3 主要污染物及污染程度

土壤中超标污染物主要为苯系物（苯、甲苯、二甲苯等）、氯苯类（1,3-二氯苯、1,4-二氯苯、1,2-二氯苯、1,2,3-三氯苯、1,2,4-三氯苯、1,2,4,5-四氯苯和六氯苯等）和有机氯农药类（α-六六六、β-六六六和γ-六六六等）。

B.0.4 工程地质与水文地质条件

该场地地层由淤泥质粉质黏土、砂质粉土、粉质黏土等低渗透土层组成，地下水流方向随季节、气候、降水量、潮汐等影响变化。修复土层为淤泥质粉质黏土，渗透系数为 1.34×10^{-6} cm/s。

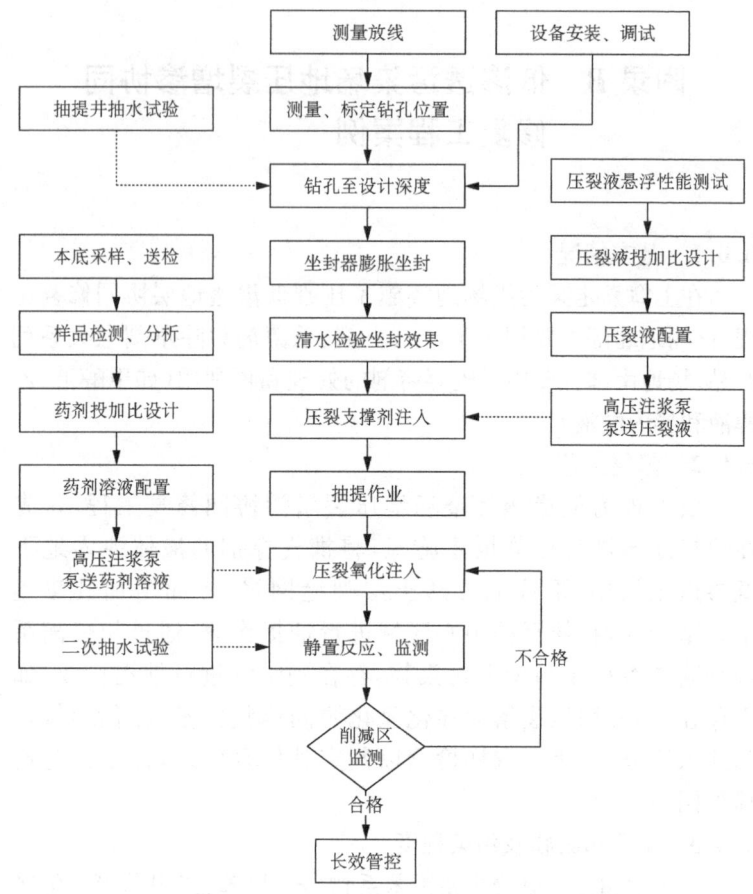

图 B.0.2 压裂增渗协同修复技术施工流程

B.0.5 工艺流程及关键设备

1 井眼钻进与压裂增渗

在地表将直径 90 mm 的三角钻头与直径 89 mm 的下封隔器、注射段、上封隔器相连接形成井中设备。将井中设备与钻机连接，通过旋转下钻的模式将井中设备钻至目标地层。试验采用自下而上分层压裂注入模式。首先将钻杆钻至最深注入深度

(11.0 m),在该深度完成注入作业后,再将钻杆上提至次深注入深度(9.0 m),后续流程依此类推。压裂增渗协同修复工艺设备如图 B.0.5-1 所示。

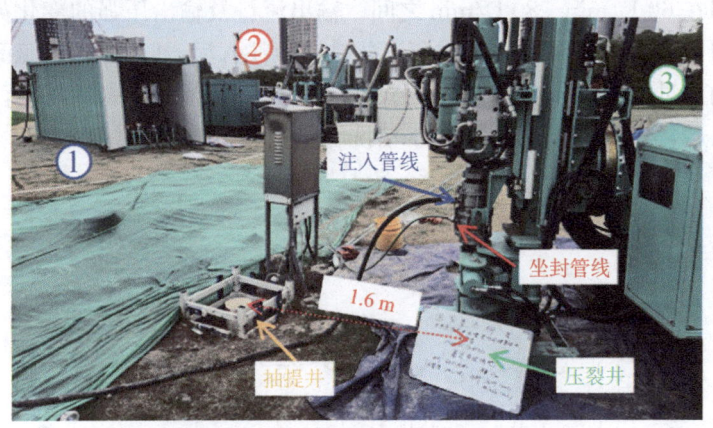

图 B.0.5-1　压裂增渗协同修复工艺设备

当注射杆钻至指定深度后,开始注入流程。对于 GW25 的压裂试验组,采用压裂增渗协同修复技术,其流程如下:

1) 启动压裂增渗系统,采用手动调节方式,利用高压管路向封隔器中注入清水使得井中的胶筒起胀。
2) 当清水压强达到 0.9 MPa～1.2 MPa 时,膨胀后的胶筒可在低渗透地层中起到较为理想的坐封效果。
3) 在清水坐封完成后,可先往地层中注入 50 L～100 L 清水,观测地表是否返浆,从而判断坐封效果。
4) 在保证坐封效果后,按照 15 Hz 的注入频率注入提前配置好的压裂液,注入流量控制在 30 L/min 以下,注入量为 250 L。

2　抽提和化学氧化剂注入

抽提:采用抽提系统,在距离抽提井底部约 1.0 m 深处(即 11 m 深处)进行 NAPL 持续抽提,单井单次抽提量为 500 L/d,统计各井 NAPL 占比。

化学氧化剂注入:在保证坐封效果后,开始注入500 L质量浓度为12.5%的氢氧化钠溶液,控制泵的运转频率,注入流速宜控制在60 L/min～80 L/min之间。输出流量及输出压强的变化如图 B.0.5-2 所示。在完成氢氧化钠溶液注入后,开始注入过硫酸钠。过硫酸钠注入量为500 L,质量浓度为25%。在完成药剂注入后,最后注入约100 L清水清洗管路和泵体。

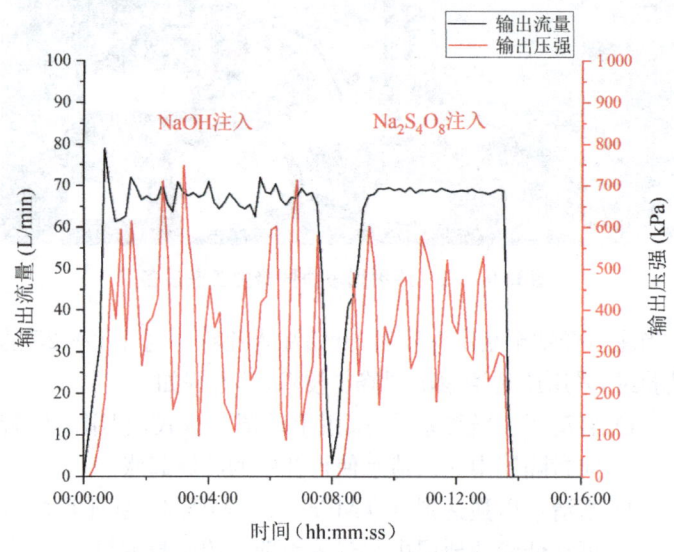

图 B.0.5-2 输出流量和压强随时间的变化

B.0.6 修复效果

相较于常规修复技术,压裂增渗协同修复技术在低渗透土层中的影响范围从1.6 m提升至3.2 m,同时污染物去除率从57%提升至85%,综合修复效果提升3倍左右。

本标准用词说明

1 为便于在执行本标准条文时区别对待,对要求严格程度不同的用词说明如下:
　1)表示很严格,非这样做不可的用词:
　　正面词采用"必须";
　　反面词采用"严禁"。
　2)表示严格,在正常情况下均应这样做的用词:
　　正面词采用"应";
　　反面词采用"不应"或"不得"。
　3)表示允许稍有选择,在条件许可时首先应这样做的用词:
　　正面词采用"宜";
　　反面词采用"不宜"。
　4)表示有选择,在一定条件下可以这样做的用词,采用"可"。

2 条文中指明应按其他有关标准执行时的写法为"应符合……的规定"或"应按……执行"。

引用标准名录

1. 《土壤环境质量 农用地土壤污染风险管控标准(试行)》GB 15618
2. 《国家电气设备安全技术规范》GB 19517
3. 《土壤环境质量 建设用地土壤污染风险管控标准(试行)》GB 36600
4. 《建筑设计防火规范》GB 50016
5. 《工业建筑供暖通风与空气调节设计规范》GB 50019
6. 《城镇燃气设计规范》GB 50028
7. 《供配电系统设计规范》GB 50052
8. 《低压配电设计规范》GB 50054
9. 《通用用电设备配电设计规范》GB 50055
10. 《建筑灭火器配置设计规范》GB 50140
11. 《现场设备、工业管道焊接工程施工规范》GB 50236
12. 《风机、压缩机、泵安装工程施工及验收规范》GB 50275
13. 《管井技术规范》GB 50296
14. 《工业设备及管道防腐蚀工程施工质量验收规范》GB 50727
15. 《建筑与市政施工现场安全卫生与职业健康通用规范》GB 55034
16. 《污水综合排放标准》GB 8978
17. 《工作场所有害因素职业接触限值 第1部分:化学有害因素》GBZ 2.1
18. 《生产过程安全卫生要求总则》GB/T 12801
19. 《地下水质量标准》GB/T 14848

20	《压力容器　第3部分:设计》GB/T 150.3	
21	《化学品安全技术说明书内容和项目顺序》GB/T 16483	
22	《压力管道规范　工业管道　第1部分:总则》GB/T 20801.1	
23	《污水排入城镇下水道水质标准》GB/T 31962	
24	《职业健康安全管理体系　要求及使用指南》GB/T 45001	
25	《岩土工程勘察安全标准》GB/T 50585	
26	《油气回收处理设施技术标准》GB/T 50759	
27	《化工设备、管道防腐蚀工程施工及验收规范》HG/T 20229	
28	《地下水环境监测技术规范》HJ 164	
29	《建设用地土壤污染状况调查技术导则》HJ 25.1	
30	《建设用地土壤污染风险管控和修复监测技术导则》HJ 25.2	
31	《建设用地土壤污染风险评估技术导则》HJ 25.3	
32	《污染地块风险管控与土壤修复效果评估技术导则(试行)》HJ 25.5	
33	《突发环境事件应急监测技术规范》HJ 589	
34	《环境影响评价技术导则　地下水环境》HJ 610	
35	《建设用地土壤污染风险管控和修复术语》HJ 682	
36	《施工现场临时用电安全技术规范》JGJ 46	
37	《建设工程施工现场环境与卫生标准》JGJ 146	
38	《建筑工程地质勘探与取样技术规程》JGJ/T 87	
39	《低渗透地层污染土壤气液驱动原位压裂修复技术规范》T/CSER 006	
40	《原位化学氧化注入修复指南》T/GIA 002	

上海市团体标准

低渗透污染场地压裂增渗协同修复技术标准

T/SHDZ 002—2024

条 文 说 明

2025　上海

目 次

1 总 则 ································· 48
3 污染物与污染场地条件 ················· 49
   3.1 一般规定 ·························· 49
   3.2 压裂增渗技术适用条件 ·············· 50
   3.3 压裂增渗强化抽提协同修复技术适用条件 ···· 51
   3.4 压裂增渗强化氧化协同修复技术适用条件 ···· 52
4 总体要求 ····························· 54
   4.1 一般规定 ·························· 54
   4.2 工程构成 ·························· 54
5 工艺设计 ····························· 56
   5.1 一般规定 ·························· 56
   5.2 工艺设计要求 ······················ 56
6 工艺设备和辅助材料 ··················· 62
   6.2 工艺设备 ·························· 62
   6.3 辅助材料 ·························· 63
7 施工与运维 ··························· 64
   7.2 施工与调试 ························ 64
   7.3 运行与维护 ························ 65
8 检测与评估 ··························· 66
   8.2 目标污染物检测 ···················· 66
   8.3 修复效果评估 ······················ 66
9 安全与应急管理 ······················· 67
   9.2 安 全 ···························· 67

Contents

1 General provisions ·· 48
3 Contaminants and site conditions ···························· 49
   3.1 Basic requirements ··· 49
   3.2 Applicable conditions for fracturing technology
      ··· 50
   3.3 Applicable conditions for collaborative fracturing
       and extraction technology ································ 51
   3.4 Applicable conditions for collaborative fracturing
       and injection technology ································· 52
4 General requirements ·· 54
   4.1 Basic requirements ··· 54
   4.2 Constitution of the project ······························ 54
5 Design of technology ··· 56
   5.1 Basic requirements ··· 56
   5.2 Design requirements for technology ················ 56
6 Instruments and support materials ·························· 62
   6.2 Instruments ·· 62
   6.3 Support materials ·· 63
7 Construction, operations and maintenance ··············· 64
   7.2 Construction and calibration ···························· 64
   7.3 Operation and maintenance ······························ 65
8 Detection and assessment ······································ 66
   8.2 Detection of target pollutants ························· 66

8.3　Remediation effectiveness assessment ················ 66
9　Safety and emergency management ···························· 67
　9.2　Safety ··· 67

1 总 则

1.0.2 本条概述了低渗透污染场地压裂增渗协同修复技术标准的全部内容和适用范围。低渗透污染场地渗透性较低、传质能力差，使得常规的修复方法难以达到预期效果。为应对这一挑战，本标准制定了详细的技术要求和操作规范，涵盖了适用的地层条件、不同类型的污染物、修复技术的总体设计、施工工艺和设备选型等多个关键环节。本标准首先对修复工程的适用条件进行界定，包括土壤的渗透系数和污染物种类。基于这些基础条件，进一步细化了修复工艺的设计要求，提供了具体的技术参数指导，确保修复方法的科学性和有效性。同时，本标准还对修复过程中的设备和材料选择提出了明确的要求，确保所使用的设备和材料能够满足修复工程的实际需求，并在安全性和经济性方面具有可行性。

为了保证修复工程的质量和安全，本标准包含了详细的检测与过程控制要求，提出了关键参数的监测方法和控制标准。这部分内容有助于在修复过程中实时评估修复效果，及时调整施工方案，以确保修复目标的实现。在劳动安全和职业卫生方面，本标准强调了施工过程中可能存在的风险，并提出了具体的防护措施和操作规范，确保施工人员的安全和健康。对于施工和调试环节，本标准提供了系统指导，涵盖了施工准备、工艺实施、设备调试等方面，确保施工过程顺利进行并达到设计要求。

3 污染物与污染场地条件

3.1 一般规定

3.1.1 根据污染物类型和污染场地条件,压裂增渗协同修复技术被细分为两类:压裂增渗强化抽提协同修复技术和压裂增渗强化氧化协同修复技术。压裂增渗强化抽提协同修复技术主要适用于处理气态有机物、溶解态有机物、吸附态有机物、NAPL污染物或无机污染物等,通过压裂增加地层渗透系统后,使用抽提方法有效去除污染物,通常适用于高浓度污染。压裂增渗强化氧化协同修复技术侧重于通过注入氧化剂,利用化学反应将污染物降解或转化为低毒、无毒产物,通常适应于中等浓度污染。该分类有利于根据具体的修复需求,选择最合适的修复技术,实现最佳的修复效果。

3.1.2 压裂增渗技术通过在低渗透场地中制造裂缝,从而人为地提高地层的渗透性。这些裂缝形成后,污染物和修复药剂能够更有效地通过这些裂缝迁移,从而提高修复效率。裂缝的形成使得修复药剂可以更均匀地分布在污染区,避免了传统修复技术中由于渗透性差而导致的修复药剂分布不均问题。该技术特别适用于处理渗透性低而难以通过常规手段修复的污染场地。

3.1.3 压裂增渗强化抽提协同修复技术是一种综合性修复技术,结合了压裂增渗和强化抽提等多种手段,适用于多种有机污染物的修复:含气态有机物,如挥发性有机物(VOCs);溶解态有机物,包括各种工业溶剂,如三氯乙烯(TCE)和四氯化碳(CCl_4);土壤吸附态有机物;NAPL污染物,在地下水中呈液态,相对密度不同于水。

3.1.4 压裂增渗强化氧化协同修复技术是一种综合性的修复手段，适用于处理多种类型的污染物，尤其是复杂的混合污染地层。该技术通过压裂增渗，显著提高了低渗透性地层的渗透系数，随后通过注入氧化剂，利用化学反应将污染物氧化为无害或毒性较低的物质。具体而言，有机污染物如挥发性有机物和半挥发性有机物容易被氧化剂分解，而重金属污染物如铬、铅、汞等则可以通过与氧化剂发生反应形成稳定的化合物，减少其迁移性和生物可利用性。因此，该技术特别适合处理含有多种污染物的场地，尤其是在常规修复技术难以有效作用的低渗透地层中，展现出显著的修复效果。

3.2 压裂增渗技术适用条件

3.2.1 一般情况下，根据上海地区的工程经验，传统原位注入技术在黏性土中的影响半径可在 0.5 m～1.0 m 内选取。而压裂增渗的注入影响范围一般超过 2.0 m，可显著提升原位注入技术的修复效率。因此，建议当中试试验得出的单井注入影响范围小于 1.0 m 时，可采用压裂增渗技术提升注入影响半径。

3.2.2 单个抽提井的水力影响面积可由影响半径(R)计算得到，影响半径由场地地层透气性、井头施加真空度等多个因素综合决定。一般情况下，单井影响半径根据工程地质与水文地质条件的不同宜控制在 0.75 m～7.5 m 之间。根据上海地区的工程经验，针对黏性低渗透土，其单井抽提影响半径宜控制在 1.0 m～2.0 m 之间。而压裂增渗的影响半径一般超过 2.0 m，因此当中试试验得出的单井抽提影响半径小于 2.0 m 时，建议采用压裂增渗技术强化抽提的影响范围。

3.2.3 本条明确了本标准的适用范围。本条文设置 3.0 m 的适用条件，考虑到上海地区浅层淤泥质黏土含水率高、不排水抗剪强度低、压缩模量小等因素，并结合以往工程经验，认为在地表至地下 3.0 m 内使用该技术的效率相对较低,但实际的使用范围可以结合中试试验结果综合评判。

3.2.5 由于土层的非均质性和各向异性,单井的压裂影响范围存在显著的不均匀性,因此采取群井压裂修复方式,以提高单位面积内修复效果的均匀性。结合以往工程经验以及国外相关修复经验,压裂增渗协同修复的影响范围相比传统抽(注)修复工艺可提升 95% 以上。

3.2.6 鉴于上海地区浅部地层成分复杂、各向异性显著,不同区域黏性土、粉性土与砂土的地层组合复杂多样,不同地层条件下污染物迁移规律有明显差别,不同相态污染物在复杂水力条件下的迁移规律也存在显著不同,因此在压裂注入作业过程中应注意其引发的有害气体逸散等不同类型二次污染,建议施工单位在压裂增渗过程中密切监测周遭环境变化,并提前合理制定应急管理方案。

3.3 压裂增渗强化抽提协同修复技术适用条件

3.3.1 压裂增渗是通过将携支撑剂的液体注入地下低渗透土层中,形成低渗透土层裂缝网络,进而增加其渗透率的技术。强化抽提通过引入表面活性剂结合抽提技术,增溶解吸有机污染物,从而建立高效的抽提系统,迅速移除污染物,减少污染物在环境中的停留时间。

3.3.2 压裂增渗强化抽提协同修复技术适用于处理低渗透地层中的污染,特别是当地层的渗透系数小于 10^{-4} cm/s、渗透率小于 10^{-13} m^2 时,该技术可有效增强污染物的抽提效果。表 3.3.2 中列出的适用范围为技术的选择和应用提供了依据,直接关系修复技术的适用性和效果。此外,适用的污染物类型包括气态有机物、溶解态有机物、吸附态有机物、NAPL 污染物或无机污染物,确保技术在各种复杂污染条件下的有效性。地下水位和土壤含水率等条件也会影响修复效果，因此在实际应用中推荐按照表3.3.1中给出的推荐范围执行，以优化修复技术的效率和安全性。

3.4 压裂增渗强化氧化协同修复技术适用条件

3.4.2 过氧化氢作为一种强氧化剂，具有高效的氧化能力，能够在地层中迅速分解为水和氧气，对环境无二次污染风险。其广泛适用于处理石油类污染物和芳香烃化合物，这类污染物在土壤和地下水中的降解通常较慢，而过氧化氢能够有效促进此类有机污染物的氧化分解，从而减少其毒性和环境危害。在实际应用中，过氧化氢通常被用于地下废水处理和石油烃污染场地的修复。过氧化氢在这些场景下展现出良好的反应速率和氧化效果，能够快速降低污染物浓度，实现污染场地的有效修复。

3.4.3 高锰酸盐是一种常用的化学氧化剂，具有稳定性好、氧化能力强的特点，广泛应用于处理难降解的有机污染物，如四氯乙烯、三氯乙烯、三氯乙烷、多环芳烃、苯酚等。这些污染物通常具有较高的稳定性和毒性，难以通过生物降解方式去除。高锰酸盐能够有效地破坏这些有机化合物的分子结构，使其转化为毒性较低或无毒的物质。因此，在处理重度污染的工业场地或地下废水时，高锰酸盐常作为首选的氧化剂。

3.4.4 过硫酸盐作为一种强氧化剂，具有优异的氧化性能，特别是在处理总石油烃、菲、芘、重金属、敌草隆、多氯联苯和抗生素等难降解物质时表现出卓越的效果。过硫酸盐在处理石油泄漏或重金属污染场地时，具有很高的应用价值，并且可以根据土壤渗透性选择不同活化方式的过硫酸盐进行修复。

3.4.5 臭氧作为一种强氧化剂，具有很高的氧化还原电位，能够快速分解多种有机污染物。特别是在处理石油类、农药、含氯溶剂等有机污染物时，臭氧能够高效破坏这些污染物的分子结构，减少其对环境的危害。由于臭氧能够氧化难降解、有毒害和生物利用性差的有机物(如多环芳烃),因此在处理这类污染物较为集中的场地时,臭氧氧化技术表现出显著的优势。同时,臭氧在使用后会分解为氧气,不会产生二次污染物。

4 总体要求

4.1 一般规定

4.1.4 本条规定了修复工程必须具备的二次污染防治设施及措施(包括防渗漏、防流失、防扬散,以及对废水、废气的收集与处理),目的是防止修复过程中或修复后产生新的环境污染问题。这些设施及措施应与修复工程主体同时设计、同时施工,并且同时投入运行,以确保整个修复工程的环保性和安全性。这一要求强调了修复工程不仅要关注污染物的去除,还要防止由于工程施工或运行引发的其他形式的污染,从而实现对环境的全面保护。

4.2 工程构成

4.2.2 本条规定了压裂注入施工所需要的基本设备:①地面传输系统指在地表传输压裂液的设备;②支撑剂配制系统是用于配置和搅拌压裂液的设备;③控制系统是指数字化控制平台来准确控制并记录注入流速和流量;④监测系统是为了监测注入过程中的注入压力流量关系曲线,来判断是否压裂成功;⑤井管配件是指将压裂液从地表传输到井中的配套部件。

4.2.3 抽提系统的作用是同时抽取污染区域的气体和液体(包括土壤气体、地下水和NAPL)到地面上的处理系统中进行处理。相分离系统的作用是完成抽出物的气-液分离及液相的油-水分离。分离后的气体进入废气处理单元,分离后的废水进入废水处理单元,分离出的油相物质经收集后作为危险废物处置。废气处理方法目前主要有热氧化法、催化氧化法、吸附法、浓缩法、生物过滤法等。废水处理方法目前主要有化学氧化法、膜分离法、生化法和活性炭吸附法等。

4.2.4 药剂制备和储存系统是确保药剂能够稳定、安全地准备和存放的基础设施。药剂注入系统通过泵入或直推方式将药剂精确地注入污染地层中,流量计和压力表的设置有助于实时监控注入过程中的关键参数,确保操作的精确性和安全性。监测系统则负责收集并分析修复过程中的各项数据,通过监测设备、数据记录仪等设备的协同工作,能够实时掌握修复进展情况并及时调整修复策略。井管配件则是实现药剂有效注入和分布的关键部件,保证了药剂能够准确输送到目标污染区域。

5 工艺设计

5.1 一般规定

5.1.2 修复工艺设计的核心在于综合考虑各种场地特征和实际条件,提出合适的施工参数,以确保修复过程的有效性和可操作性。污染特征是修复技术的选取依据以及设计的基础。而修复工程量和目标值则影响到工艺的复杂性和所需资源。现场的实施条件和修复周期直接关系项目的可行性和成本,尤其是在资源供应有限或时间紧迫的情况下。工程地质和水文地质条件则决定了修复过程中的技术参数和施工难度,如渗透性、土壤结构等。

5.1.5 在修复过程中,注入井和抽提井的设计直接关系修复的效果。注入井和抽提井的合理分布可以确保修复范围覆盖污染区域,而注入井和抽提井的数量及深度则应根据污染物的分布特征进行设计,并通过中试试验进行更新和优化。

5.1.6 监测井的设置是评估修复过程和效果的关键手段。通过监测井,可以实时监控修复药剂在污染区的分布和扩散情况,确保药剂在目标区域内有效作用。此外,监测井还可以用于修复后的长期效果评估,确定污染物浓度是否控制在安全范围内。这些监测数据对于调整修复方案和确保修复项目的成功至关重要。

5.2 工艺设计要求

5.2.2 本条明确了压裂增渗技术的设计与施工工艺应达到的基本要求。

1 压裂注入井的直径与传统的药剂注入井不同,其井直径在施工设计过程中并不是一个关键参数,主要由施工设备尺寸控制,常见的尺寸为 89 mm 和 110 mm。

2 由于工程地质和水文地质条件以及污染物类型不同,修复治理工艺参数必须具有很强的针对性,以达到污染土壤及地下水修复治理要求。因此,本标准对所有的修复治理方法均提出中试试验的必要性。另外,该技术是与强化抽提和强化氧化技术协同修复,因此压裂注入井的影响范围应覆盖后续抽提和氧化注入的影响范围。

3 中试试验主要验证设计方案的合理性并做优化,确定具体的施工工艺参数。根据上海地区的工程经验,黏土层的单井设计影响半径宜控制在 1.0 m～5.0 m 之间,粉土层的单井设计影响半径不宜小于 1.5 m。在采取可靠的封堵措施条件下,可取较大值。

4 缝网结构的复杂程度取决于井中的压裂注入间隔,该间隔越小其缝网结构越密,但是会导致其缝网过早地相互连接,从而影响其水平向的影响范围。因此,需要根据中试试验结果进行调整。

5 支撑剂粒径越大对于泵体的密封性要求也就越高。选取硬质人造陶粒作为支撑剂,由于其形状为球状,在液体中悬浮性能相对于石英砂较好,可以在其自然沉淀前被泵送至更远的位置。但是硬质人造陶粒的成本相对高于石英砂,因此可以结合中试试验结果进行调整。

6 压裂增渗技术具有较强的经验性,其增渗效果不仅与压裂液的砂液比有关,还与工程地质和水文地质条件密切相关,并且砂液比浓度越高,对于设备密封性和功率的要求也就越高。因此,应开展中试试验以校核。

7 注射压力会随着注射流量的增加而增加,为了防止压裂液注射过程中地下压力过大而产生冒浆问题,需要控制注射的流量和压力。同时,影响范围的设计值越大,需要注入压裂液的量也就越大，对应的注入流速也要相应提升。本款根据上海地区的工程经验，提出了相关参数的建议范围，但是同样建议进行中试试验以校核，并根据需要调整相关设计参数。

5.2.3 本条明确了压裂增渗强化抽提协同修复技术的设计与施工工艺应达到的基本要求。

1 真空泵应在80%的运行时间内达到泵流速特性曲线的最佳效率点，同时在最大和最小预期流速时仍可运行，不会损害泵体。从最远的抽提井计算管道、阀门和管件的摩擦损失，设计合理的安全系数（10%～25%），以应对将来系统的扩展、真空泄漏及其他不可预见的系统损失。

4 当污染深度临近隔水层时，抽提井设置应预留保护空间，避免污染承压水。

5 当抽提井内存在高浓度的NAPL污染物时，必须考虑井管材料和流体是否发生反应，提高井管防腐蚀等级。

6 滤料选择和井管切缝宽度宜考虑污染场地含水层土壤的粒径级配，过滤材料宜采用分级的石英砂（不均匀系数宜控制在1.5～2.0之间）。

8 无论抽提井支管还是单个抽提井，当设置透明视窗时，应注意透明视窗的防护以及连接密封性。

9 抽提井抽出污染液体时经常会夹带细颗粒土至地面系统中，长期累积会导致阀门堵塞，需要经常打开清洗或更换。

10 滤料（石英砂）需布设于地下水位以下，滤料安装高度应至少高于井筛顶部，存贮和处理滤料时应避免对地下环境产生二次污染。真空施加后地表空气泄漏会导致污染物沿井孔纵向迁移，井的密封对于防止上述状况发生至关重要。封闭和止水后，应及时进行洗井；洗井应充分，直至滤管及滤料水流畅通；井水中不应含有泥浆，且出水量稳定。

5.2.4 本条明确了用于强化抽提修复的表面活性剂类型选择。

1 表面活性剂选择需要考虑土壤特性主要涵盖土壤粒径组

成、矿物组成、酸碱度和有机质含量等因素。

5.2.5 本条为压裂增渗强化氧化协同修复技术的设计与施工提供了详细的指导。

  1 氧化剂的传输方式需根据实际钻井条件、成井方式及具体注入方式进行合理选择，以确保氧化剂能够有效传输到污染区域。

  2 氧化剂的注入压力与其在地层中的扩散距离密切相关，注入压力可以通过标准公式进行初步估算，但最终注入压力需根据中试试验的实际数据来调整，以确保氧化剂在目标区域内均匀分布。

  3 影响半径是决定注入井布置的关键参数，井间距的初始设计值通常为影响半径的2倍，但最终设计应通过中试试验来确定。

  4 土壤的异质性可能会导致氧化剂扩散范围显著减小，因此在实际工程中，建议通过中试试验来量化异质性对氧化剂注入的影响，并据此调整井距设计。这些措施的目的是确保氧化剂能够有效覆盖污染区域，实现预期的修复效果。

5.2.6 本条详细规定了选择强化氧化修复技术时氧化剂类型的选取标准及使用条件。

  1 氧化剂的选择需要根据污染场地的土壤污染物类型、污染浓度及土壤的理化性质（如pH值、含水率、渗透性等）进行判断。这一步骤确保所选的氧化剂能够有效与污染物反应，实现污染物的分解或转化。

  2 通过小试和中试试验来验证氧化剂的实际效果，确保其在实际场地条件下的有效性。例如，过氧化氢是一种常用的氧化剂，其注入质量浓度宜控制在3.0%～35.0%之间，酸碱度宜控制在3.5～5.0之间，以确保其氧化效率和催化作用。

  4 在实际操作中，低浓度的过氧化氢适用于污染修复的初期阶段，而高浓度的过氧化氢则适用于修复较为复杂的污染场地，如含 NAPL 的污染场地。

  5 高锰酸盐作为另一种常用的氧化剂，其质量浓度宜控制在 1.0%～40.0%之间。高锰酸钾虽然成本较低，但由于其溶解度较低，需采用复杂的设备来配制。相比之下，高锰酸钠溶解度较高，配制更为方便，适用于现场条件较为苛刻的场地。

  6 过硫酸钠的使用通常需要通过加热、加碱或加入 Fe(Ⅲ)-EDTA 等催化剂来活化。为确保反应的稳定性和有效性，建议在其溶液中加入 10.0%～50.0%的碳酸钠，虽然这会降低反应速度，但可增强过硫酸钠的稳定性，满足不同污染场地的修复需求。

  8 臭氧作为一种气体氧化剂，其浓度选择需根据具体情况来定。如果采用氧气制备臭氧，其浓度宜控制在 5.0%～10.0%之间；如果采用空气制备，则浓度一般为 1.0%左右。在实际应用中，臭氧发生器的使用量取决于氧化剂的总需求量、土壤气流速度及修复时间。

  9 在选择氧化剂的过程中，不仅要考虑其化学反应的有效性，还需考虑其对环境的影响，如毒性和腐蚀性问题，必要时应采取防护措施。此外，工程地质与水文地质调查在氧化剂注入前是必不可少的，以避免氧化剂扩散到未受污染的区域，造成二次污染。最终，氧化剂的选择应考虑成本效益，确保修复工程的经济性和可持续性。小试和中试试验是确定最终技术参数和防范二次污染的关键步骤，通过这些试验，可以优化修复方案，确保修复工程的成功实施。

5.2.9 本条详细列出了修复过程中防止二次污染的具体措施，以确保修复工作不会对环境造成新的污染威胁。对于修复过程中产生的废气，应根据污染物的种类和浓度选择适当的技术，如活性炭吸附技术，确保废气处理达标。对于施工中产生的废水，需进行收集和处理，处理后的废水如需排放，必须符合相关的国家和地方标准的规定，确保不会对环境造成水体污染。施工和运行过程中产生的固体废物，尤其是被鉴定为危险废物的，应按规定处理,确保不会对环境和人身安全造成风险。对于暂存的污染土壤,应采取防渗、防冲刷措施并进行覆盖,以防止污染物的进一步扩散。同时,施工过程中应采取有效的噪声控制措施,以减少对周围环境的影响。同时,为确保二次污染防控措施的有效性,需建立详细的监测计划,对环境质量进行持续监控,以便及时发现和解决潜在问题。

6 工艺设备和辅助材料

6.2 工艺设备

6.2.1 本条明确了压裂系统构成,分为地面部分和井中部分两大类。地面设备主要负责高压液体的注入与压力管理,核心部件包括增压泵和各类控制阀门,这些设备确保了修复过程中液体的准确传输和控制。数据采集设备则用于实时监测注入过程中的压力、流量等关键参数,以便操作人员进行精确控制。井中设备主要用于地下实际压裂作业,包括水力膨胀跨接式封隔器、坐封管线和注入井管等,这些设备的设计和选型直接影响压裂效果和修复效率。水力膨胀跨接式封隔器能够有效封闭井段,确保高压液体在指定区域内产生裂缝,从而增强地层的渗透性。坐封管线和注入井管的设计和材料选择需考虑地层的压力条件和修复目标,以确保设备的可靠性和长期稳定性。本条为工程设计和设备选型提供了基本指导,确保压裂系统的各项设备能够协调工作,实现最佳修复效果。

6.2.2 经过中试试验结果与相关理论计算,30 m 深度以内的土层破裂压力一般远小于 5.0 MPa,考虑某些极端情况,比如注射孔被黏土堵住,以及考虑设备试验的安全系数,经过测算一般认为在低渗透场地进行压裂注入,其注入设备能满足注入压力大于 5.0 MPa,流量高于 80 L/min 即可满足后续施工的需求。经过中试试验及国外相关工程项目调研,过粗的支撑剂颗粒会显著磨损注入设备,并且注入能力受到折减,因此在考虑经济适用性的条件下建议支撑剂的直径上限为 40 目,井中设备的耐压上限应不低于地面设备的耐压能力。

6.2.4 多介质混输系统主要参数包括药剂输送速率和药剂搅拌速

度,通过这两个参数实现药剂的充分溶解。一般的固体药剂为过硫酸钠、氢氧化钠片状物,经过测算与调试,认为药剂输送速率大于 $3\ m^3/h$、设备的药剂搅拌速度大于 $50\ r/min$ 时,可实现药剂的充分溶解。

6.2.6 根据上海地区的工程经验,抽提系统应满足单井液体抽提速率大于 $0.06\ m^3/h$、单井气体抽提速率大于 $3\ m^3/h$、真空泵最大真空度可以达到并维持在 $80\ kPa$ 的要求。

6.3 辅助材料

6.3.1 本条规定了抽提井材料的要求,包括井管及管路材料、滤料等。聚氯乙烯(PVC)和不锈钢具有化学稳定性好、抗酸碱性能优良等特点,注入井和抽提井可优先采用。

6.3.2 为了保证注入压裂流量和抽提真空度的稳定性,井管连接采用 O 型封圈或聚四氟乙烯胶布缠绕进行密封。

6.3.3 为保证透水效果,滤料应选用洁净的石英砂,要求不含泥土、云母和有机杂质。

6.3.4 本条规定了止水层的构造和材料选择,以确保地下水封闭和污染物迁移控制的效果。膨润土颗粒具有良好的膨胀性和低渗透性,遇水时会迅速膨胀,形成密实的屏障,防止水流和污染物穿透。条文要求止水层厚度应大于 $60\ cm$,以提供足够的物理屏障,确保其有效性。颗粒的形状可以是球状或扁平状,这些形状有助于填充紧密,提高止水层的整体密实度。粒径范围宜控制在 $6\ mm\sim12\ mm$ 之间,这一范围既保证了颗粒之间的填充效果,又确保膨润土颗粒在接触水后能够形成均匀的膨胀层,从而有效地阻止水和污染物的渗透。通过严格控制止水层的厚度和颗粒尺寸,可以提高修复工程的可靠性,防止地下水污染的扩散,确保修复场地环境的长期安全。

6.3.6 考虑到注入药剂和抽出污染废水的腐蚀性,所有设备中的金属连接管件应选用耐腐蚀材料,以保证施工安全。

7 施工与运维

7.2 施工与调试

7.2.5 本条强调了修复工程中设备安装和调试的重要性。首先,设备的安装必须严格遵循设备说明书的要求,确保设备位置准确且符合安装偏差范围,从而保证设备在运行过程中稳定可靠。调试过程中,电控、自动控制和机械系统的调试是关键步骤,要求设备在运行时无振动、无异响,确保机械部件无堵塞、晃动或抖动,并且控制系统的联锁功能正常,这些措施都旨在防止设备在运行过程中出现故障。工程施工完成后,对仪器仪表进行校验是必要的,以确保测量的准确性和可靠性。接着,应按照工艺流程进行分项调试和整体调试,确保各个系统之间的协调性和一致性。整体调试的目标是确保所有系统都能正常运转,技术指标符合设计要求,这也是工程验收的重要依据。

7.2.6 本条详细列出了在修复工程调试阶段进行性能试验时需要重点关注的 6 个方面,旨在确保设备和系统在设计工况下的稳定性和可靠性。首先,注入泵的最大输出压强和流量是决定药剂能够有效注入污染地层的关键参数,而其运行稳定性则直接影响修复效果的持续性。搅拌泵的最大转速和变频系统的可靠性对于确保药剂均匀混合、避免沉淀或分离至关重要。其次,抽提系统的最大抽提真空度和运行稳定性则关系污染物的去除效率。能源、压裂液、支撑剂和药剂的消耗情况不仅影响修复成本,还可能影响工程的环境可持续性。药剂注入设备的注入压力和流量范围需要满足不同污染场地的需求,以确保药剂在土壤中的充分分布和反应。最后,对土壤最大处理量、处理效率和修复达标率的测试是验证修复方案设计合理性的重要步骤,从而确保修复工程达到预期效果并符合相关标准。

7.3 运行与维护

7.3.4 本条强调在修复过程中应建立详细登记制度,以确保对污染土壤、修复后土壤以及设备运行和维护状况的全面记录。这些记录对于监控修复过程的有效性和确保所有操作都按照设计规范进行至关重要。登记制度的内容应涵盖土壤的各项关键参数,包括深度、数量和种类等信息,以便追踪和管理土壤的处理过程。此外,修复过程中使用的药剂用量、处理方法和时间、检测结果以及设备运行参数等数据也需要进行详细记录,这些数据可以用于评估修复效果,识别可能存在的问题,并为未来的修复工作提供参考。自动监测系统为实时监控和数据管理提供了便利,使得工程管理更加精准和高效。最终去向的记录确保所有处理过的土壤和相关材料在整个过程中都被妥善管理,不会对环境造成二次污染。

8 检测与评估

8.2 目标污染物检测

8.2.4 在进行土壤与地下水的原位协同修复时,施工过程中可能会引起土壤结构的扰动,从而影响地下水流场和污染羽分布。因此,在修复工程实施期间,必须对关键的环境参数进行监测,包括地下水水位、污染物浓度、酸碱度(pH 值)和氧化还原电位(ORP)等。这些参数的变化可以反映出地下水流场和污染物羽的动态变化,帮助修复工程人员及时调整施工方案,以避免因施工造成的二次污染或污染扩散。此外,通过对这些参数的持续监测,可以更好地掌握污染物的迁移路径和扩散范围,为评估修复效果提供数据支持。

8.3 修复效果评估

8.3.2 本条规定了在进行修复效果评估时,如何合理布置土壤或地下水采样点以确保评估的准确性。由于在修复过程中污染物浓度和土壤中各项指标可能会发生变化,因此采样点的数量和位置应动态调整,以反映修复区域内的真实情况。特别是在相邻抽提井与注入井之间以及其支管连接的区域,通常被认为是修复的薄弱点,容易出现修复不彻底或污染物重新分布的问题。因此,在这些区域布置采样点,有助于识别和解决修复过程中的潜在问题,从而提高整体修复效果的可靠性和有效性。

9 安全与应急管理

9.2 安　全

9.2.2 本条强调了在压裂增渗协同修复技术的设计和施工过程中，必须充分考虑系统可能面临的不利运行工况，特别是在高压条件下液体的局部积累可能对系统造成的压力负担。在修复设计时，固井系统的负荷余量必须经过精确计算，以确保其能够承受极端情况下的压力。此外，还应在系统中设置监测预警装置，以便实时监测压力变化，提前预警可能出现的危险情况，确保修复过程的安全性和稳定性。如果发生异常情况，预警系统能够及时响应，触发应急措施，从而避免事故的发生。这种设计和施工过程中的安全考虑，对于保障修复工程的顺利实施至关重要。